AF582082

Avec sa trompe, il déracine les arbres; et de son corps, il renverse les murailles.

LES

QUADRUPÈDES

TROISIÈME ÉDITION.

LIBRAIRIE DE L. LEFORT

IMPRIMEUR ÉDITEUR

LILLE | PARIS

rue Charles de Muyssart | rue des Saints-Pères, 10

M DCCC LXIV

LES

QUADRUPÈDES

Toutes les créatures sont pour l'homme un moyen de glorifier le Créateur. Dans chaque plante, dans chaque arbre, dans chaque fleur, et même dans chaque pierre, la grandeur de Dieu est empreinte, et il ne faut qu'ouvrir les yeux pour l'y reconnaître ; mais elle se manifeste avec bien plus d'éclat dans le règne animal. Examinons la structure d'un seul des êtres qu'il renferme : quel art, quelle beauté, que de choses admirables ! Et combien ces merveilles ne se multiplieront-elles pas, si nous pensons à la multitude presque infinie et à l'étonnante diversité des animaux ! Depuis l'éléphant jusqu'à l'insecte qu'on n'aperçoit qu'à l'aide du microscope, que de degrés, que d'anneaux forment une chaîne immense et non interrompue ! Quelle liaison, quel ordre, quels rapports entre toutes ces créatures ! Tout est harmonie ; et si, à la première vue, nous croyons découvrir quelque imperfection dans certains objets, nous ne tarderons pas à convenir que notre ignorance nous a fait porter un faux jugement.

Il ne faut pas de profondes méditations, il ne faut ni la science du naturaliste, ni celle du physicien, pour sentir ces vérités : il suffit de contempler ce que nous avons journellement sous les yeux Vous voyez une multitude d'animaux, qui sont tous formés d'uue manière admirable, qui tous vivent, sentent, se meuvent comme vous ; qui tous sont sujets, comme vous, à la faim, à la soif, au froid, et qui, par conséquent, ont besoin, comme vous, qu'il ait été pourvu à ces diverses nécessités. C'est de Dieu que toutes ces créatures tiennent la vie ; il les conserve, il veille à ce que rien ne leur manque.

Si les soins du Tout-Puissant s'étendent jusque sur les animaux, que ne fera-t-il pas pour moi? S'il s'étudie à rendre la vie douce et agréable aux créatures dépourvues de raison, que ne dois-je pas attendre de sa bienfaisance? Qu'il rougisse donc de ses inquiétudes, l'homme pusillanime qui, dès que l'abondance s'éloigne de lui, tombe dans le découragement et craint que Dieu ne l'abandonne! Ah ! cet Etre si bon, qui pourvoit aux besoins de tant d'animaux, connaît aussi les miens et saura bien y satisfaire.

Une autre réflexion sur l'instinct des bêtes me fournit une nouvelle occasion d'admirer et d'adorer l'Etre tout-puissant qui combine avec tant de sagesse les moyens avec la fin. Comme les instincts des animaux se rapportent tous à la conservation des espèces, ils se manifestent de la manière la plus frappante dans l'amour et la sollicitude qu'ils ont pour leurs petits. Jésus-Christ lui-même, pour nous représenter sa bonté paternelle, se sert de l'image d'une poule qui rassemble ses poussins sous ses ailes. C'est, en effet, un spectacle touchant que l'affection si vive de cette mère pour ses petits et les soins continuels qu'elle en prend. Jamais elle ne détourne les yeux de dessus eux, si ce n'est pour s'occuper de ce qui peut leur convenir : à l'approche du moindre danger, elle vole à leur secours, elle s'oppose avec courage à l'agresseur, elle hasarde sa propre vie pour sauver la leur, elle les appelle et les rassure par sa voix maternelle, elle étend ses ailes pour les couvrir, elle se refuse toute sorte de commodité, et dans la posture la plus gênée, elle ne pense qu'à la sûreté et au bien être des objets de son amour. Qui ne reconnaîtrait ici le doigt du Très-Haut? Sans cette tendre sollicitude, sans cet instinct si puissant et si supérieur à tout, disons-le en un mot, sans tout ce qui tient à ce sentiment naturel par lequel la poule est dominée à l'égard de ses petits, infailliblement toute l'espèce périrait. Mais de qui procèdent ces merveilles sinon de l'Etre créateur ?

Remarquons, en jetant nos yeux sur les animaux qui peuplent la terre, l'attention du Créateur à éloigner de nos demeures les animaux féroces. Les plus redoutables, le lion, le tigre, la panthère, etc., ne vivent et ne se propagent que dans les contrées brûlantes de la zone torride. D'autres, comme l'ours blanc, ne sauraient subsister que dans les régions glacées du Nord. Au contraire, cette Providence divine qui appela l'homme à dominer sur toute la terre, revêtit de qualités sociales les animaux destinés à vivre auprès de lui : elle leur a caché leurs forces, et un nombreux troupeau de bœufs plie sous la baguette d'un enfant.

La réunion des animaux qui nous sont utiles, tels que les vaches, les chèvres et les brebis, cette réunion, dis-je, en grands troupeaux sous la conduite d'un berger, et même sous la verge d'un enfant, est elle le fruit de l'industrie des hommes? Oui sans doute, aux yeux d'une philosophie insensée, pour qui la présence de Dieu est partout embarrassante. Pour l'homme qui fait de sa raison un digne usage, cette réunion est l'ouvrage de Dieu, qui nous destinait à vivre en société. Qu'on aille dans les bois et dans les antres des forêts, chercher ou les petits des loups, ou de jeunes lionceaux, ou même de petits faons de biches, et qu'on tente de les élever, de les partager ensuite en trois bandes, selon leur espèce, et de les nourrir dans nos campagnes comme on y nourrit les brebis et les chèvres : quel sera le résultat de cet essai? La réponse à cette question n'est pas difficile. Sans doute, on peut donner aux animaux dont nous parlons ici quelque espèce d'éducation : ils s'apprivoisent un peu ; mais toujours ils conservent leur naturel féroce, sauvage ou traître. Jamais on ne pourrait les conserver longtemps à la maison, bien moins encore les conduire en troupeaux. Deux louveteaux élevés domestiquement paraissaient assez doux : un jour, ils prennent querelle avec un chien, le mettent en pièces, étranglent trois chevaux et gagnent les bois.

Mais, quand il serait possible d'apprivoiser les ours et les lions, jamais on ne parviendrait à leur faire labourer la terre, à leur faire porter des fardeaux. Supposons néanmoins qu'on en vînt à bout, se réduiraient-ils à l'herbe des champs pour toute nourriture? L'éducation ne change point la nature, et s'il fallait les traiter suivant leurs inclinations, ils ruineraient leur maître, au lieu de le soulager dans ses travaux.

Au contraire, la plupart des animaux domestiques dépensent peu et travaillent beaucoup. La maison de l'homme leur est plus chère que leur propre liberté. Ils sont pleins de force et ne s'en servent que pour lui. Le premier ordre qu'il leur donne est suivi de la plus prompte obéissance. Et quelle récompense attendent-ils de leurs services? De l'herbe, même la plus sèche, le moindre de tous les grains. Les viandes les plus délicates sont pour eux sans attraits. Des inclinations si sobres et si avantageuses sont-elles dues à nos soins? est ce notre industrie qui les fait naître? Ah! n'hésitons point de le dire, elles sont un des plus beaux présents que Dieu ait faits à l'homme.

Reconnaissons donc une Providence attentive dans les inclinations bienfaisantes des animaux domestiques. On ne peut se dissimuler que la vache, la chèvre et la brebis n'ont été mises auprès de nous que pour nous enrichir. Un peu d'herbe, ou la liberté d'aller dans la campagne ramasser ce qui nous est le plus inutile, voilà toute la faveur qu'elles attendent de nous ; et, tous les soirs, elles reviennent payer ce léger service par des ruisseaux de lait. La nuit n'est pas encore finie, qu'elles gagnent par un nouveau bienfait la nourriture du jour qui suit. La vache seule fournit ce qui suffit au pauvre après le pain, et elle met sur la table du riche la diversité la plus délicieuse. Le lait est l'aliment de l'enfance ; le beurre, l'assaisonnement de la plupart de nos mets ; le fromage, la nourriture la plus ordinaire des habitants de la campagne

Que de choses il y aurait à dire encore sur ces animaux si utiles ! Les bêtes sauvages ne viennent dans nos habitations que pour piller : les animaux domestiques ne s'arrêtent auprès de nous que pour nous donner ou pour nous servir. Si quelque chose nous rend moins sensibles les présents qu'ils nous font, c'est qu'ils les réitèrent tous les jours. La facilité de se les procurer semble les avilir à nos yeux, tandis que c'est réellement ce qui en augmente le prix. Faits pour vivre au milieu de nous, ces animaux paissent en mille endroits divers, selon qu'ils s'y plaisent davantage, et tout en s'y nourrissant, travaillent en effet pour nous. La vache pesante paît au fond des vallées : la brebis légère sur les flancs des collines ; la chèvre grimpante broute les arbrisseaux des rochers ; le porc fouille les racines des marais ; le canard mange les plantes fluviatiles ; la poule à l'œil attentif ramasse les graines perdues dans les champs ; le pigeon aux ailes rapides celles des forêts les plus écartées ; et l'abeille économe jusqu'aux poussières des fleurs. Il n'y a point de coin de terre dont ils ne puissent moissonner les plantes. Tous reviennent le soir à nos habitations, avec des murmures, des bêlements et des cris de joie, en nous rapportant les doux tributs des plantes, changés, par une métamorphose inconcevable, en miel, en lait, en beurre, en œufs et en crême. Une libéralité si grande, et qui n'est jamais interrompue, mérite une reconnaissance toujours nouvelle. Ah! sans doute, le moins que nous puissions faire, quand nous recevons des biens, est de bénir la main qui nous les distribue.

De tous les animaux domestiques, le cheval

est celui qui nous rend le plus de services et qui nous les rend le plus volontiers. Il cultive nos terres, il transporte nos denrées, il se soumet avec docilité à toutes sortes de travaux, pour une nourriture médiocre et frugale; il partage avec nous les plaisirs de la chasse et les dangers de la guerre; c'est une créature qui renonce à son être pour n'exister que par la volonté d'un autre, qui sait même la prévenir, qui, par la promptitude et par la précision de ses mouvements, l'exprime et l'exécute, et, qui, se livrant sans réserve à son maître, ne se refuse à rien, le sert de toutes ses forces, s'excède, et quelquefois meurt pour lui obéir. La nature a donné au cheval un penchant à aimer et à craindre l'homme, et beaucoup de sensibilité aux caresses qui peuvent lui rendre sa domesticité agréable. De tous les animaux, il est celui qui, avec une grande taille, a le plus de proportion dans les parties de son corps. Tout en lui est élégant et régulier. Sa tête, si agréablement située, lui donne un air vif et léger, relevé encore par la beauté de son encolure. Son maintien est noble, sa démarche est majestueuse, et tous ses membres semblent annoncer du feu, de la force, le courage et la fierté.

Le bœuf n'a point les grâces et l'élégance du cheval. Sa tête qui nous paraît monstrueuse, ses jambes qui nous semblent minces et courtes relativement à la grosseur du corps, la petitesse de ses oreilles, son air stupide et sa démarche lourde le rendent presque difforme à nos yeux : mais il compense bien ces irrégularités apparentes par les services importants qu'il rend à l'homme. Il est assez fort pour traîner de lourds fardeaux, et il se contente d'une chétive nourriture. Tout est utile en lui, le sang, la peau, les ergots, la chair, la graisse et les cornes. Il n'y a pas jusqu'à son fumier dont on ne tire parti : c'est un excellent engrais pour fertiliser les terres et les mettre en état de nous fournir chaque année de nouveaux aliments. Cet animal partage aussi avec l'homme les travaux pénibles de la campagne : il défriche nos terres, prépare nos moissons, transporte nos grains. Sans lui, les pauvres et les riches auraient beaucoup de peine à vivre. Il est la base, l'opulence des états, qui ne peuvent fleurir que par la culture des terres et par l'abondance du bétail.

Quelque peu avantageux que soit l'extérieur de l'âne, et quelque dédaigné qu'il soit, cet animal ne laisse pas d'avoir d'excellentes qualités et de nous être très-utile. Si l'on s'adresse à d'autres pour des services distingués, celui-ci fournit au moins les plus nécessaires. Il n'est pas ardent et impétueux comme le cheval; mais il est tranquille, simple et toujours égal. Chez lui l'air noble est remplacé par une douce et modeste contenance : il n'a aucune fierté; il va uniment son chemin, porte sa charge sans bruit et sans murmure. Sobre et sur la quantité et sur la qualité des mets, il se contente de chardons et des herbes les plus dures et les plus désagréables. Il est patient, vigoureux, et résiste à la fatigue : il rend à son maître des services importants et continuels. Les occupations de l'âne se ressentent de l'obscurité des gens qui l'emploient, et il est un des plus utiles présents que Dieu ait faits à l'homme pauvre. Où en seraient réduits les vignerons, les jardiniers et la plupart des habitants de la campagne, c'est-à-dire les deux tiers des humains, s'il leur fallait des chevaux pour le transport de leurs marchandises et des matières qu'ils emploient ? L'âne est sans cesse à leur secours : il porte le fruit, les herbages, le charbon, le bois, la tuile, la chaux, la paille et le fumier : tout ce qu'il y a de plus abject est son partage. Quel avantage pour cette multitude d'ouvriers, et même pour tous les hommes, de trouver un animal doux, fort et infatigable, qui, sans orgueil et sans frais, remplisse nos villages et nos villes de toutes sortes de commodités!

Il n'est aucun objet de la création qui ne soit en rapport avec l'homme : comment se fait-il donc que, nous servant tous les jours des bêtes de charge, nous ne pensions point à Celui qui les forma pour nous? Leur nombre, proportionné à nos besoins, est, sans comparaison, bien plus considérable que celui des bêtes sauvages; et, ici, je remarque encore une attention de la Providence. Si ces dernières multipliaient autant que les autres, la terre deviendrait bientôt un désert. C'est Dieu qui nous attribua l'empire sur ces créatures; il nous donna la force et l'adresse de les subjuguer; le droit de les faire servir à notre usage, de les contraindre à l'obéissance et de les employer comme il nous convient : don précieux qui démontre à l'homme l'excellence de sa nature! En effet, si le Créateur n'eût imprimé dans les animaux une crainte naturelle pour l'être destiné à leur commander, il lui serait impossible de les dompter par la force. Mais Dieu nous les accorde pour compagnons de nos travaux et non pour esclaves : combien donc ne serions-nous pas injustes si nous abusions de notre droit en les excédant de fatigues ou en les maltraitant sans nécessité!

Les bienfaits du Créateur ne se bornent pas à une seule contrée : chaque partie du monde a des animaux qui lui sont particuliers ; et c'est par des raisons très-sages que Dieu les a placés dans un pays plutôt que dans un autre.

Entre les animaux des parties méridionales, le dromadaire et le chameau sont singulièrement remarquables. Ces deux noms ne désignent pas deux espèces différentes, mais seulement deux races distinctes, dont le principal et, pour ainsi dire, l'unique caractère sensible, consiste en ce que le chameau porte deux bosses sur le dos, au lieu que le dromadaire n'en a qu'une. Ce dernier est aussi plus petit et moins fort ; mais il est, sans comparaison, plus nombreux et plus généralement répandu, le chameau ne se trouvant guère que dans le Turquestan et dans quelques autres endroits du Levant. L'espèce entière, tant de l'un que de l'autre, semble être confinée dans une zone de trois ou quatre cents lieues de largeur, qui s'étend depuis la Mauritanie jusqu'à la Chine.

Le chameau paraît originaire de l'Arabie. Non-seulement c'est le pays où il existe en plus grand nombre, c'est aussi celui auquel il convient le mieux. L'Arabie est la contrée du globe la plus aride et où l'eau est la plus rare : le chameau est le plus sobre des animaux et peut passer plusieurs jours sans boire. Le terrain est presque partout sec et sablonneux : le chameau a le pied fait pour marcher dans les sables, et ne peut se soutenir dans les terrains humides et glissants. L'herbe et les pâturages manquent à cette terre, le bœuf y manque aussi, et le chameau le remplace. Aussi les Arabes regardent-ils cet animal comme un présent du Ciel, et sans le secours duquel ils ne pourraient subsister, ni commercer, ni voyager. Le lait des chameaux fait leur nourriture ordinaire ; ils en mangent la chair, surtout celle des jeunes : le poil de ces animaux, qui est fin et moelleux, sert à faire des cordes et des étoffes dont ils se vêtissent et se meublent.

Les vastes déserts de l'Afrique et de l'Asie

seraient impraticables ; ces espèces d'îles, séparées des pays habités par des sables brûlants et stériles, n'auraient jamais été connues sans le chameau. Là, le transport des marchandises ne se fait que par le moyen de cet animal. Les marchands et autres passagers, pour éviter les pirateries des Arabes, se réunissent en caravanes souvent très-nombreuses. Chacun des chameaux est chargé selon sa force : il la sent si bien lui-même, que quand on lui donne un fardeau trop pesant, il le refuse et demeure constamment couché jusqu'à ce qu'on l'allége. Ordinairement, les grands portent mille à douze cents livres : les petits, sept à huit cents. Comme leur route est souvent de sept ou huit cents lieues, on règle leur mouvement et leur journée : ils ne vont que le pas et font chaque jour dix à douze lieues. Tous les soirs on leur ôte leur charge et on les laisse paître en liberté. Si l'on est en pays vert, dans une bonne prairie, ils prennent en moins d'une heure tout ce qu'il leur faut pour en vivre vingt-quatre et pour ruminer pendant toute la nuit. A défaut de plantes et d'arbrisseaux, un peu de foin, quelques poignées de noyaux de dattes, d'orge ou de fèves, suffisent à la subsistance de chacun d'eux pour toute une journée; et, tant qu'ils trouvent à brouter la verdure, les dromadaires et les chameaux se passent très-aisément de boire.

Au nombre des animaux domestiques, et en même temps des bêtes de charge, vient se ranger cette masse de chair énorme, cette montagne ambulante, qui fait trembler la terre sous ses pas, et que l'œil du spectateur ne parcourt pas sans étonnement; en un mot, l'éléphant, ce colosse dont les membres nous paraissent si étrangement configurés, est l'animal peut-être le plus intelligent et le plus adroit. C'est sur les côtes orientales de l'Afrique et dans les parties méridionales de l'Asie que se trouvent les plus grands individus de ce genre : ils ont quatorze à quinze pieds de hauteur sur autant à peu près de longueur. Les éléphants de cette taille consomment par jour jusqu'à cent cinquante livres d'herbe. On présume que ceux qui demeurent en liberté peuvent vivre plus de deux cents ans ; mais réduits en servitude, leur vie est beaucoup moins longue.

Quoiqu'on doive s'attendre à rencontrer une force considérable dans le plus colossal des animaux terrestres, cependant elle nous étonne encore. Avec sa trompe il déracine les arbres, et de son corps il renverse les murs. Seul, il met en mouvement les plus grandes machines, et transporte des fardeaux que plusieurs chevaux remueraient à peine. Une charge de quatre à cinq milliers n'est pas trop forte pour un grand éléphant ; il porte une tour armée en guerre et chargée de nombreux combattants ; enfin, de ses fortes défenses, il peut percer le tigre, le plus terrible des animaux, celui que les plus puissants redoutent.

Cet être, qui, au premier coup d'œil, ne paraît qu'un entassement énorme de matière, est singulièrement doué de sentiment ; et ce sont ses qualités aimables qu'on se plaît surtout à considérer. Conservant la mémoire des bienfaits reçus, jamais il ne méconnaît son bienfaiteur ; il lui marque sa reconnaissance par les signes les plus expressifs et lui demeure toujours attaché. Domestique aussi docile que fidèle et aussi intelligent que docile, il semble prévenir les désirs de son maître, deviner sa pensée et lui obéir par inspiration. Il ne se refuse à aucun genre de service, pas même aux plus pénibles : il poursuit sa tâche avec constance, sans se rebuter, et se croit toujours assez récompensé quand on lui témoigne par quelques caresses qu'on est satisfait de l'emploi de ses forces. Mais plus il est sensible aux bons traitements, plus il s'irrite des châtiments qu'il n'a point mérités : il garde un long souvenir des offenses et ne perd point l'occasion de s'en venger. Cependant la colère, même dans ces instants, ne l'empêche pas toujours d'écouter la générosité. Un éléphant venait de se venger de son conducteur en le tuant. Témoin de ce spectacle, sa femme, hors d'elle-même, prend ses deux enfants, et les jetant aux pieds de l'animal encore tout furieux, « Puisque tu as tué mon mari, lui dit-elle, ôte-moi aussi la vie, ainsi qu'à mes enfants. » L'éléphant s'arrêta tout court, s'adoucit, et comme s'il eût été touché de regret, il prit avec sa trompe le plus grand de ces enfants, le mit sur son cou, l'adopta pour conducteur et n'en voulut point souffrir d'autres.

Il est une autre espèce de domestiques attachés à nos demeures, qu'ils ne quittent guère, dont les soins sont pour ainsi dire de tous les moments, et qui, pour cette raison, méritent bien que nous ne les passions pas sous silence.

Cet animal si joli, si vif, si turbulent, quand il est jeune, si patelin, si adroit, si rusé quand il désire quelque chose, si fier, si libre dans la domesticité, si traître dans les vengeances, le chat enfin, qui semble réunir tous les extrêmes, est d'une utilité très-grande dans nos habitations des villes et des champs. La guerre continuelle qu'il fait pour son seul intérêt, purge nos habitations d'ennemis importuns dont les dégâts multipliés produisent à la longue de très-grandes pertes. Les animaux auxquels le chat fait la guerre, et qu'il détruit souvent plus par le plaisir de nuire que par besoin, sont indistinctement tous les animaux faibles et qui ne peuvent échapper ou à sa force ou à son adresse. Les oiseaux, les rats, les souris, etc., deviennent sa proie ou son jouet. Ce qu'il ne peut ravir de haute lutte, il le guette et l'épie avec une patience inconcevable. Tapi au bord d'un trou, rassemblé dans le moindre espace possible, les yeux fermés en apparence, mais assez ouverts pour distinguer sa proie, il affecte un sommeil perfide, pour tromper l'animal dont il médite la mort. A peine celui ci est-il hors de son trou, que le chat l'attaque et le saisit. S'il a sur lui un avantage considérable du côté de la force, il s'en amuse pendant quelque temps, pour insulter à son malheur. Le jeu commence-t-il à l'ennuyer? d'un coup de dent il le tue, souvent sans nécessité, et lors même qu'il est le plus délicatement nourri. Le traitement le plus doux, les soins les plus marqués ne peuvent détruire en lui ce naturel indépendant et à demi sauvage : l'éducation même, perpétuée de race en race, ne l'a point altéré, et, seul de tous les animaux que l'homme a subjugués, le chat a conservé cette fierté et cet amour de la liberté qu'il avait au milieu des forêts. Dans l'enceinte même de nos murs, ce sont les greniers, les toits, les endroits déserts et retirés, qui font son séjour ordinaire. Habite-t-il une maison des champs ? la vue de la campagne ranime bientôt dans son cœur le goût de la chasse, l'amour de la guerre. Il part seul, quelquefois avec un compagnon de rapine, et porte de tous côtés le désordre et la désolation. Tantôt, grimpé sur un arbre, il enlève du nid de jeunes oiseaux; et, caché par quelques branchages, il attrape la mère qui venait apporter de la nourriture à ses petits infortunés. Tantôt, pénétrant dans les retraites des lapins, il les poursuit jusqu'au fond de leurs terriers. Souvent il arrive que ses succès enflamment son courage et lui rendent totalement son esprit d'indépendance. Alors il abandonne les habitations, vit au fond des bois, et la génération suivante reprend insensiblement tous les premiers caractères du chat sauvage.

Le chien présente à l'homme un compagnon fidèle, un aide adroit et industrieux, et un courageux défenseur. Obéir, travailler, combattre, souffrir et mourir au service de son maître, voilà toute son existence. A-t-il déplu par une faute, voyez avec quelle soumission il s'approche pour en recevoir le châtiment ; il souffre sans murmurer, il oublie aussitôt les mauvais traitements qu'il vient de recevoir ; il en profite pour se corriger, pour mieux faire, et trouve encore un nouveau moyen de plaire, par son redoublement d'exactitude et de docilité. La main qui l'a frappé semble lui devenir plus chère ; et, loin que les justes châtiments aigrissent son caractère et l'éloignent de son maître, il excuse sa sévérité, craint de la renouveler, et s'attache davantage à lui. L'homme veut-il bien lui céder une partie de son empire sur les animaux? dès cet instant, ennobli pour ainsi dire par cette confiance, il commande, il règne par sa vigilance et son exactitude. Son maître dort tranquillement, et se repose sur lui du soin de son troupeau. La sûreté, l'ordre et la discipline sont les fruits de son adresse et de son activité. Le troupeau est un peuple qui lui est soumis, qu'il protége, et contre lequel il n'emploie jamais la force que pour y maintenir la paix.

Du compagnon fidèle de l'homme, passons à un de ces animaux doux et tranquilles, qui ne semblent faits que pour animer la solitude des forêts. Le cerf a la forme élégante, sa taille est svelte et bien prise, ses membres flexibles et nerveux, sa tête décorée plutôt qu'armée d'un bois vivant et qui se renouvelle chaque année ; sa grandeur, sa légèreté, sa force le distinguent assez des autres habitants des forêts, dont il est le plus noble.

Le cerf paraît avoir l'œil bon, l'odorat exquis et l'oreille excellente. Est-il dans un petit taillis ou dans quelque autre endroit à demi découvert ? il s'arrête pour regarder de tous côtés, et cherche ensuite le dessous du vent, pour sentir s'il n'y a pas quelqu'un qui puisse l'inquiéter. Quoique d'un naturel assez simple, il est curieux et rusé. Lorsqu'on le siffle ou qu'on l'appelle de loin, il s'arrête tout court : il regarde fixement, et avec une espèce d'admiration, les voitures, le bétail, les hommes ; et, s'ils n'ont ni armes ni chiens, il continue à marcher d'un pas tranquille et passe son chemin fièrement. Il paraît écouter avec plaisir le chalumeau et le flageolet des bergers ; et les veneurs se servent quelquefois de cet artifice pour le rassurer. En général, il craint beaucoup moins l'homme que les chiens, et ne prend de la défiance et de la ruse qu'à mesure et autant qu'il a été inquiété. Poursuivi par les chiens, il passe et repasse plusieurs fois sur sa voie : il leur donne le change en se faisant accompagner d'autres bêtes, perce et s'éloigne aussitôt, se jette à l'écart, se dérobe et se couche sur le ventre ; la terre le trahissant toujours il se met à l'eau. La biche qui nourrit se présente aux chiens pour leur dérober son faon : elle se laisse courir et revient à lui.

Terminons ce coup d'œil rapide par le roi des animaux. Né sous le soleil brûlant de l'Afrique ou des Indes, le lion est le plus fort, le plus fier, le plus terrible de tous. Nos loups, nos autres animaux carnassiers, loin d'être ses rivaux, seraient à peine ses pourvoyeurs.

Le lion, pris jeune et élevé parmi les animaux domestiques, s'accoutume aisément à vivre et même à jouer innocemment avec eux. Il est doux pour ses maîtres, et même caressant, surtout dans le premier âge ; et, si sa férocité naturelle reparaît quelquefois, rarement il la tourne contre ceux qui lui ont fait du bien. Comme ses mouvements sont très-impétueux, et ses appétits fort véhéments, on ne doit pas présumer que les impressions de l'éducation puissent toujours les balancer ; aussi y aurait-il quelque danger à lui laisser souffrir trop longtemps la faim, ou à le contrarier en le tourmentant hors de propos. Non-seulement il s'irrite des mauvais traitements, il en garde le souvenir et paraît en méditer la vengeance ; mais sa colère est noble, son courage magnanime, son naturel sensible. On l'a vu souvent dédaigner de petits ennemis, mépriser leurs insultes, et leur pardonner des libertés offensantes : on l'a vu réduit en captivité, s'ennuyer sans s'aigrir, prendre au contraire des habitudes douces, obéir à son maître, flatter la main qui le nourrit, donner quelquefois la vie à ceux qu'on avait voués à la mort en les lui jetant pour qu'il en fît sa proie ; et, comme s'il se fût attaché à eux par cet acte généreux, leur continuer ensuite la même protection, vivre tranquillement avec eux, leur faire part de sa subsistance, se la laisser même quelquefois enlever tout entière, et souffrir plutôt la faim que de perdre le fruit de son premier bienfait. On pourrait dire que le lion n'est pas cruel, puisqu'il ne l'est que par nécessité, qu'il ne détruit qu'autant qu'il consomme, et que dès qu'il est repu il est en pleine paix.

Le lion a la figure imposante, le regard

assuré, la démarche fière, la voix terrible. Sa taille est si bien prise et si bien proportionnée que le corps du lion paraît être le modèle de la force jointe à l'agilité. Cette force se marque au dehors par les bonds prodigieux qu'il fait si aisément ; par le mouvement brusque de sa queue, capable de terrasser un homme; par la facilité avec laquelle il fait mouvoir la peau de sa face, et surtout celle de son front, ce qui ajoute beaucoup à sa physionomie ou plutôt à l'expression de sa fureur ; et enfin, par la faculté qu'il a de remuer sa crinière, laquelle non-seulement se hérisse, mais s'agite en tout sens, lorsqu'il est irrité.

Les animaux carnassiers, ces êtres dont le nom porte l'effroi dans l'âme, qui le croirait? sont encore un bienfait dont nous avons à remercier le Créateur. Ce n'est point à leur puissance féroce et sanguinaire qu'il a donné l'empire de la terre ; ce n'est point pour leur livrer l'homme qui l'a fait plus faible qu'eux.

Ces terribles animaux, répandus sur la surface du globe, n'en sont ni les souverains ni les maîtres ; ce sont des sentinelles chargées d'empêcher les hommes de se séparer et de vivre désunis. Admirons la conduite de la Providence ! La terre a été faite pour l'homme, et partout où il vient fixer sa demeure, les animaux fuient et lui cèdent la place. L'industrie de ce roi de la terre augmente avec le nombre de ses semblables ; celle des animaux reste toujours la même. Toutes les espèces nuisibles, comme celle du lion, viennent établir leur empire dans les lieux d'où le despotisme et les outrages faits à l'humanité ont banni l'homme. Mais, à mesure que des lois sages et protectrices lui permettent de réclamer son héritage, et de le rendre à la culture et aux arts, les animaux nuisibles, repoussés et relégués dans les contrées arides, se trouvent insensiblement réduits à un petit-nombre ; non-seulement parce que les hommes sont devenus plus nombreux, mais parce qu'ils sont devenus plus habiles, et qu'ils ont su se fabriquer des armes auxquelles rien ne peut résister. C'est ainsi que rendus à l'ordre auquel Dieu les destine, ils rentrent dans tous leurs droits, par rapport à la terre, qui leur fut assignée pour demeure.

FIN.

— LILLE TYP. L. LEFORT. MDCCCLXIV. —

BIBLIOTHEQUE NATIONALE DE FRANCE
3 7531 05542463 5

www.ingramcontent.com/pod-product-compliance
Lightning Source LLC
LaVergne TN
LVHW050504160826
845677LV00003B/924

* 9 7 8 2 3 2 9 6 4 9 5 1 1 *